Macher der modernen Landwirtschaft

William MacDonald

Writat

Diese Ausgabe erschien im Jahr 2023

ISBN: 9789359251554

Herausgegeben von
Writat
E-Mail: info@writat.com

Inhalt

VORWORT

Wenn man bedenkt, welch herausragende Rolle die Landwirtschaft in der Geschichte aller Nationen spielt, erscheint es seltsam, dass so wenig über das Leben jener Pioniere bekannt ist, die bei der Entdeckung grundlegender Prinzipien, verbesserter Methoden und Arbeitsersparnis eine Vorreiterrolle gespielt haben Maschinen. Vielleicht liegt es daran, dass die Landwirte insgesamt nicht besonders lesefreudig sind. Dies ist jedoch nicht verwunderlich, denn nach einem langen Arbeitstag unter freiem Himmel kann man sich kaum auf etwas Ernsthafteres konzentrieren als auf die Schlagzeilen einer Tageszeitung oder die rosaroten Bilder einer ländlichen Zeitschrift . Dennoch kann man mit Sicherheit prophezeien, dass der erfolgreiche Landwirt der Zukunft nicht nur ein fleißiger Arbeiter, sondern auch ein fleißiger Leser sein wird. Und die Biografie führt uns auf anschauliche Weise den Vormarsch der modernen Landwirtschaft vor Augen.

Interessant ist auch, wie viel die Landwirtschaft Männern verdankt, die kaum als praktische Bauern bezeichnet werden können. Tatsächlich war der Autor, entgegen der landläufigen Meinung, beeindruckt vom Erfolg des Stadtbewohners, der sich der Landwirtschaft widmet. Aber das ist eigentlich nicht überraschender, als dass der einfältige Bauernjunge das alte Gehöft zugunsten der Faszination der Stadt aufgab und aufgrund seines Charakters, seines Mutes und seines Fleißes in wenigen Jahren zum Kapitän eines großen Werbespots aufstieg Unternehmen. Zwischen Feldweg und überfüllter Straße wird es immer ein unaufhörliches Auf und Ab der menschlichen Flut geben. Aber es ist sicherlich unsere klare Pflicht, etwas zu tun, um das Leben des Arbeiters auf dem Feld weniger langweilig und einsam und attraktiver zu machen, indem wir hübsche Hütten errichten und ländliche Industrien gründen, während wir es gleichzeitig versuchen das Leben der Werktätigen in der Stadt durch eigene Gartengrundstücke und sonnendurchflutete Freiflächen aufzuhellen.

Ich möchte den Herausgebern der verschiedenen Zeitungen, in denen diese Skizzen erschienen sind, für die freundliche Erlaubnis danken, sie in Buchform erneut zu veröffentlichen: The *Graphic* (Kapitel I), The *Star* , Johannesburg (Kapitel II), The *Rand Daily Mail* (Kapitel III und IV) und die *Sunday Post* (Kapitel V). Zum Ich bin *der Zeitschrift* der Royal Agricultural Society of England für das Titelbild (Jethro Tull) sowie für viele wertvolle Informationen zu Dank verpflichtet.

ROYAL AGRICULTURAL SOCIETY OF ENGLAND,
16, BEDFORD SQUARE, LONDON,
1. September 1913.

KAPITEL I

JETHRO TULL: Begründer der Prinzipien der Trockenlandwirtschaft

„Denn je feiner das Land durch die Bodenbearbeitung geschaffen wird, desto reicher wird es und desto mehr Pflanzen wird es erhalten. "
– JETHRO TULL .

Acht Meilen nordwestlich von Reading, an einem schönen Flussufer der Themse , liegt die Pfarrstadt Basildon in der Grafschaft Berkshire. Hier wurde im Jahr 1674 der Mann geboren, der die britische Landwirtschaft revolutionierte und den Grundstein für die „Eroberung der Wüste" legte. Doch so seltsam es auch erscheinen mag, bis vor Kurzem war Tulls Grab unbekannt, und auch heute noch erinnert kein Denkmal an die Ruhestätte dieses berühmten Landmanns. Seine Familie stammte aus einer alten und ehrenhaften Abstammung und er war Erbe eines vermögenden Anwesens. Mit siebzehn Jahren trug er seinen Namen in das Register des St. John's College in Oxford ein; aber er kam nicht bis zu einem gewissen Grad voran. Zwei Jahre später wurde er als Student von Gray's Inn zugelassen und zu gegebener Zeit als Rechtsanwalt zugelassen. Es ist wahrscheinlich, dass Tull Jura nicht so sehr mit dem Gedanken studierte, es ernsthaft als Beruf zu ergreifen, sondern einfach, um sich besser für eine politische Karriere zu qualifizieren. Aus gesundheitlichen Gründen wandte er sich jedoch der Landwirtschaft zu. Im Alter von fünfundzwanzig Jahren heiratete er eine Dame aus gutem Hause, Miss Susanna Smith aus der Grafschaft Warwick, und ließ sich dann auf dem Bauernhof in Oxfordshire nieder .

Seine erste Farm war Howberry in der Gemeinde Crowmarsh. Das Land dieser Farm war fruchtbar und bekannt für seinen hohen Weizen- und Gerstenanbau. Hier lebte und schuftete Tull neun Jahre lang, bis sich sein Gesundheitszustand schließlich verschlechterte und er nach Süden in das mildere Klima Frankreichs und Italiens geschickt wurde. Deshalb beschloss er, einen Teil seines Anwesens in Oxfordshire zu verkaufen und seine Familie auf eine andere Farm in Berkshire namens „Prosperous" in der Gemeinde Shalbourne zu schicken . Nach dreijähriger Abwesenheit kehrte Tull zur „Prosperous Farm" zurück – einem Ort, der in den Annalen der Landwirtschaft für immer berühmt sein wird. Hier lebte er sechsundzwanzig Jahre lang bis zum Ende seiner anstrengenden, wechselvollen Karriere. Über diese Farm schreibt Tull : „Der Boden liegt auf der einen Seite auf etwas Kreide und auf der anderen auf Heide. Der Boden ist karg und flach – im Allgemeinen zu leicht und zu flach, um eine erträgliche Bohnenernte zu produzieren. Diese Farm wurde aus dem gemacht . " Röcke anderer; ein großer Teil war ein Schafspelz mit dem vollen Ruf der Armut."

Während seines Aufenthalts in Europa achtete Tull besonders auf die tiefe und sorgfältige Bewirtschaftung der Weinberge, wobei die Bodenbearbeitung zwischen den Weinrebenreihen anstelle der Düngung des Landes erfolgte. Nach seiner Rückkehr nach England probierte er diese Methode auf der „Prosperous Farm" zunächst mit Rüben und Kartoffeln, dann mit Weizen. Und indem er dieses einfache System mit einigen wenigen eigenen Modifikationen übernahm, war er in der Lage, dreizehn Jahre lang ununterbrochen Weizen auf denselben Feldern anzubauen, ohne den Einsatz von Gülle.

Auf seiner Farm in Howberry erfand und perfektionierte Tull im Jahr 1701 seinen Bohrer. Die Geschichte dieser Erfindung hat er auf den Seiten seines großartigen Werks erzählt. Als er feststellte, dass seine Pläne für den Anbau von Esparsetten [1] durch die Abneigung seiner Arbeiter gegen seine neuen Methoden behindert wurden, beschloss er, zu versuchen, „einen Motor zu erfinden, um St. Foin treuer zu pflanzen, als solche Hände es könnten." Zu diesem Zweck untersuchte und verglich ich Alle mechanischen Ideen, die mir jemals in den Sinn gekommen waren, wurden schließlich auf einer Rille, einer Zunge und einer Feder im Resonanzboden der Orgel aufgebaut. Mit diesen, ein wenig verändert, und einigen Teilen von zwei anderen Instrumenten, die mir fremd waren Das Feld als Orgel, dazu fügte ich meine Maschine zusammen. Sie wurde Drillmaschine genannt, denn wenn Bauern ihre Bohnen und Erbsen von Hand in Kanäle oder Furchen säten, nannten sie das Aktionsbohren." Und so Tulls Bohrer, der dem Drehmechanismus seiner Lieblingsorgel nachempfunden ist , ist der Pionier aller modernen Pflanzgefäße. Seine erste Erfindung war ein, wie er es nannte, *Drillpflug* zur Aussaat von Weizen- und Rübensamen in drei Reihen gleichzeitig.

[1] Eine Hülsenfrucht, die als Futterpflanze angebaut wird.

Es war diese Erfindung, die Tull dazu veranlasste , sein erstes Prinzip der Bodenbearbeitung zu verkünden, nämlich *das Drillen* . Und es ist umso erstaunlicher, wenn man bedenkt, dass viele Landwirte auch nach dieser langen Zeit weiterhin darauf bestehen, ihr Saatgut zu verbreiten; Denn wie ein neuerer Experte, der sich mit den halbtrockenen Gebieten Montanas befasst, schreibt: „Die Aussaat von Pflanzen ist zu jeder Zeit schlecht, aber im Trockenanbau ist sie selbstmörderisch." Dass der Einsatz der Drillmaschine überall eine enorme Einsparung von Saatgut bewirkt hat, ist allgemein bekannt; Aber hören wir, was Tull zu diesem Thema zu sagen hat: „Saatgut (Esparsette) war knapp, teuer und schlecht, und es konnte kaum genug gesammelt werden, um, wie üblich, sieben Scheffel zu säen." [1] auf einen Acre. Ich untersuchte und überlegte mir die Sache und stellte fest, dass der größte Teil des Samens fehlerhaft, schlecht oder zu stark bedeckt war. Ich beobachtete und zählte und stellte fest, dass die *Ernte am besten war*, wenn viel Saatgut ausgeblieben war Trockenbauern in Utah mit bemerkenswertem Erfolg.

[1] Heutzutage ist es üblich, 80–100 Pfund Esparsette-Samen pro Hektar zu säen.

Darüber hinaus war Tull ein glühender Befürworter des unkrautfreien Feldes, und er erkannte deutlich, dass Mist eine ernsthafte Bedrohung für die saubere Bodenbearbeitung darstellte, da die Samen lästiger Unkräuter leicht weit über die Farm verstreut wurden. Dies veranlasste ihn, als dritten Grundsatz die *Abwesenheit von Gras* festzulegen . Aber er hat sicherlich nie, wie manchmal gesagt wird, die Verwendung von Gülle verurteilt. Seine Experimente bewiesen jedoch zweifelsfrei, dass gute Ernten einfach und ausschließlich durch tiefe und konstante Bodenbearbeitung angebaut werden konnten . So sagt er wütend: „Das Gewöhnliche glaubt im Allgemeinen, dass ich meinen Hofmist getragen und in einen Fluss geworfen habe. Ich habe keinen Fluss in der Nähe; außerdem kaufen meine Nachbarn Mist zu einem guten Preis; aber es ist bekannt, dass ich ihn weder verkaufe noch verkaufe." Verschwende jeden Mist. Gegen solche Lügenzungen gibt es keine Verteidigung ."

Dennoch übernahm viele Jahre später kein Geringerer als der große Wissenschaftler von Rothamsted , der verstorbene Sir John Lawes, seine Rolle, der wie folgt schrieb :

„ Tull war ein ganz originelles Genie und seiner Zeit ein Jahrhundert voraus. Ich glaube, man hat ihm zu Unrecht vorgeworfen, er lege keinen ausreichenden Wert auf Hofdünger; er plädierte für Sauberkeit und erkannte, dass Dung ein großer Überträger von Unkraut sei. Zu geben Um eine klare Vorstellung vom Wert von Tulls Befürwortung der Drill-Landwirtschaft und der Unkrautfreiheit zu bekommen, die allein durch den Einsatz des Drills erreicht werden kann, möchte ich erwähnen, dass ich, soweit die Statistiken es zulassen, den durchschnittlichen Ertrag des Weizens ermittelt habe Ernte der Welt, und ich kann sagen, dass der durchschnittliche Ertrag auf meinem Dauerweizenland geringer ist als derzeit, nach mehr als sechzig Jahren völlig ohne Dünger. Hier haben wir das Ergebnis von Tulls drei großen Prinzipien : *Aussaat, Reduzierung des Saatguts und Abwesenheit von Unkraut* . Wenn er jetzt am Leben wäre und für die Landwirtschaft der Welt schreiben würde, hätte er meiner Meinung nach durchaus Recht, alles zu sagen, was er in Bezug auf Sauberkeit und Dünger gesagt hat.

Als Ergebnis seiner Studien, Reisen und Experimente veröffentlichte Tull im Jahr 1731 „The New Horse-Hoeing Husbandry: or an Essay on the Principles of Tillage and Vegetation". Der große Wert dieser Arbeit liegt darin, dass sie nicht fundiert ist auf bloßer Theorie, sondern auf tatsächlichen Experimenten auf dem Gebiet. Die vierte Auflage, die ich vor mir habe, besteht aus 426 Seiten mit mehreren Tafeln und 23 Kapiteln, die folgende Themen behandeln: Von Wurzeln und Blättern; Von pflanzlicher Nahrung; Von Pflanzenweiden; Aus Mist; Der Bodenbearbeitung; Von Unkraut; Von Rüben; Aus Weizen; Von Schmutzigkeit; Von Luzern; Vom Artenwandel; Vom Wandel der Individuen; Von Graten; Alte und neue Tierhaltung; Von Pflügen; Der Vierschar- Pflug ; Von den Bohrkästen; Vom Weizenbohrer: Vom Rübenbohrer; Vom Hacke-Pflug; mit einem Anhang über die Herstellung der Bohrmaschine und des Hackpflugs.

Tulls Idee – die darin bestand, dass Böden durch Bodenbearbeitung ständig und für immer neu belebt oder erneuert werden könnten – wird in seinem berühmten Epigramm „Bodenbearbeitung ist Mist" zusammengefasst . Er glaubte, dass die Erde die wahre und einzige Nahrung der Pflanze sei und dass sich die Pflanze darüber hinaus durch die Aufnahme winziger Erdpartikel ernähre und wachse. Und da diese Partikel von der Oberfläche der Bodenkörner abgeschleudert werden, folgte daraus, dass die Partikel umso zahlreicher waren und die Pflanze umso leichter wachsen würde, je feiner der Boden zerteilt war. Obwohl Tulls Theorien falsch waren, wurde seine Praxis bis heute von allen fortschrittlichen Landwirten befolgt. Wir wissen heute, dass Pflanzen keine Erdpartikel, sondern gelöste Nahrung aufnehmen. Je stärker die Bodenpartikel aufgebrochen und verfeinert werden, desto mehr Pflanzennahrung können die Wurzeln aufnehmen. In diesem Band, der als Klassiker der Landwirtschaft gelten muss, gilt Tull sofort als der bedeutendste Prediger des Evangeliums der tiefen und perfekten Bodenbearbeitung seiner Zeit. Und es ist ein Werk, das, in den Worten seines großen Kollegen Arthur Young, „seinen Namen zweifellos bis in die jüngste Nachwelt tragen wird".

Die botanische Welt wurde kürzlich durch die großartige Entdeckung der Vererbungsprinzipien von Gregor Mendel erleuchtet, und der bedeutendste Vertreter der neuen Wissenschaft, Professor Bateson, schreibt wie folgt: „Wir haben endlich eine brillante Methode und eine solide Grundlage. " von der aus man diese Probleme angehen kann, und bietet dem Pionier eine Gelegenheit, wie sie in der Geschichte der modernen Wissenschaft nur selten vorkommt." Können wir als Landwirte nicht dasselbe mit der gleichen Wahrheit sagen? Denn unseres Erachtens hat Jethro Tull den gleichen Bezug zur Trockenlandwirtschaft wie Mendel zur

Pflanzenzucht. Denn wenn einerseits seine Drillpflüge die Vorbilder sind, von denen die wunderbaren landwirtschaftlichen Maschinen der Neuzeit abgeleitet wurden, dann sind andererseits seine saubere Haltung, seine Saatauswahl, seine tiefe und konstante Bodenbearbeitung die Grundlagen Prinzipien in der großen neuen Wissenschaft des Trockenanbaus. Wir sollten auch nicht vergessen , dass sowohl Mendel als auch Tull ihre Prinzipien erst nach langen und geduldigen Experimenten darlegten.

Die Prinzipien, die wir in unseren Experimenten auf der staatlichen Trockenlandstation in Lichtenburg in Transvaal übernommen haben und die wir auf alle künftig in der Südafrikanischen Union zu errichtenden Stationen befolgen wollen, sind sieben an der Zahl, nämlich: (1) Tiefpflügen; (2) Bohren; (3) dünne Aussaat; (4) häufiges Eggen; (5) unkrautfreies Land; (6) wenige Sorten; und (7) feuchtigkeitssparende Brachen. Und wir wissen genau, dass unsere Ernten umso reicher sein werden, je treuer wir uns an diesen Plan halten. Aber letztendlich sind diese Prinzipien lediglich die Erweiterung und nichts weiter als die grundlegenden Methoden der Bodenbearbeitung, die vor einhundertzweiundachtzig Jahren vom Genie Jethro Tull so klar dargelegt wurden .

Tull starb im März des Jahres 1740 im Alter von sechsundsechzig Jahren. Wenn wir über die landwirtschaftliche Ausbildung sprechen, haben wir oft die Vorteile hervorgehoben , die sich aus einer liberalen Ausbildung ergeben, und wir erinnern uns gerne an Tulls eigene Worte: „Ich verdanke meine Prinzipien und meine Praxis ursprünglich meinen Reisen, so wie ich meinen Drill meiner Orgel verdanke." Hier war tatsächlich ein Mann mit vielen Fähigkeiten – ein berühmter Landwirt, ein fähiger Mechaniker, ein guter Musiker und ein begeisterter klassischer Gelehrter. Sein Leben war seltsamerweise ein unerschrockener Kampf gegen Krankheiten. Sechs Jahre lang verließ er sein Zimmer kaum und nur selten freute er sich in dieser Zeit auch nur über einen flüchtigen Blick auf seine „hundert Hektar gedrillten Weizens". So legten sie den müden Körper des einfältigen englischen Gutsherrn unter die Eiben von Basildon in die milde Erde, die er so sehr liebte. Aber die Glocken der alten Kirche St. Bartholomäus erklingen jetzt mit einer neuen, frohen Botschaft, denn sie sagen den mühsamen Ackerbauern aller Länder, sie sollen guten Mutes sein, denn die Wüste wird jubeln und blühen wie die Rose; während die Winde und das Wasser das Echo von Tulls Namen durch die Korridore der Zeit tragen.

KAPITEL II

COKE OF NORFOLK: FETTIGER VON EXPERIMENTELLEN FARMEN

„ Siehst du einen Mann, der fleißig in seinem Geschäft ist? Er wird vor Königen bestehen; er wird nicht vor gemeinen Männern bestehen. "

Zu Beginn dieses Artikels haben wir einen Text aus den Sprüchen Salomos zitiert, der unserer Meinung nach wahrheitsgemäßer auf das Thema unseres Aufsatzes angewendet werden kann als auf jeden anderen Namen, der in den Jahrbüchern der Landwirtschaft auffällt. Denn er war ein fleißiger Mann in seinem Geschäft und stand vor den Königen.

Thomas William Coke, of Holkham (Holy Home), Earl of Leicester, war der älteste Sohn von Robert Wenman . Er wurde im Jahr 1752 geboren und in Eton ausgebildet, danach reiste er ins Ausland. Nach dem Tod seines Vaters wurde Coke an seiner Stelle zum Parlamentsabgeordneten der Grafschaft Norfolk gewählt. Er war damals in seinem zweiundzwanzigsten Lebensjahr. Er trat als jüngstes Mitglied ein; Seine politische Karriere erstreckte sich über einen Zeitraum von 57 Jahren und er wurde zum „Vater des Unterhauses" ernannt. Sein häusliches Leben war außergewöhnlich glücklich – ganz anders als der traurige Zustand seines großen Zeitgenossen Arthur Young. 1775 heiratete er seine Cousine Jane Dutton, mit der er drei Töchter hatte. Nach ihrem Tod im Jahr 1800 blieb er einundzwanzig Jahre lang Witwer und heiratete dann im Alter von achtundsechzig Jahren ein achtzehnjähriges Mädchen, Lady Anne Keppel, mit der er fünf Söhne und eine Tochter hatte. Coke hatte die einzigartige Erfahrung, dass ihm unter sechs verschiedenen Premierministern sieben Mal der Adelsstand verliehen wurde, und er war der erste Bürgerliche, der von Königin Victoria bei ihrer Thronbesteigung in den Adelsstand erhoben wurde. In diesem Zusammenhang wird eine amüsante Geschichte erzählt. Im Jahr 1817 wurde Coke aufgefordert, auf einem Deich eine sehr eindringliche Ansprache an den Prinzen von Wales zu halten, der damals als Regent fungierte, und ihn zu beten, „die Berater aus seiner Gegenwart und seinem Rat zu entlassen, die aufgrund ihres Verhaltens , hatten sich als gleichermaßen Feinde des Throns und des Volkes erwiesen." Der Regent wurde vor dem Vorschlag gewarnt. Da er wusste, dass Coke seine Position als Bürger über alles andere schätzte, erklärte er mit einem Eid: „Wenn Coke of Norfolk in meine Gegenwart eintritt, bei Gott, werde ich ihn zum Ritter schlagen." Diese Rede wurde gegenüber Coke wiederholt. „Wenn er es wagt", war die Antwort, „bei Gott, ich werde sein Schwert zerbrechen."

Ein Teil des Anwesens oder Holkham war früher eine Reihe von Salzwiesen an der Nordseeküste. Und als Coke im Jahr 1776 – einem schicksalhaften Jahr in der Geschichte des Britischen Empire – sein Eigentum betrat, war der umliegende Bezirk kaum besser als ein Kaninchenbau mit langen Kies- und Sandstrecken. Kurz nach Cokes Hochzeit, als seine Frau ihm mitteilte, dass sie nach Norfolk fahren würde , sagte die witzige alte Lady Townshend: „Dann, meine Liebe, wirst du nur einen Grashalm und zwei Kaninchen sehen, die dafür kämpfen." Die Geschichte, wie Coca-Cola zu einem praktischen Landwirt wurde, wird im dritten Band des Journal of the Royal Agricultural Society of England aus dem Jahr 1842 erzählt. Der Artikel darüber wurde von Earl Spencer verfasst und ist von besonderem Interesse er hatte es kurz vor seinem Tod direkt aus den Lippen von Mr. Coke (damals Lord Leicester). Als Coke in sein Erbe eintrat, stellte er fest, dass fünf Pachtverträge kurz vor dem Auslaufen standen . Diese Farmen wurden zu einem Pachtzins von 3 Schilling gehalten. 6d. ein Acre; und in den vorherigen Mietverträgen waren sie mit 1 Schilling bewertet worden. 6d. ein Acre. Zu dieser Zeit war die Landwirtschaft von Norfolk am schlechtesten; und wir können die Qualität des Holkham-Landes beurteilen, indem wir es mit der durchschnittlichen Pacht von 10 Shilling vergleichen. ein Acre, von dem Arthur Young sagt, dass er zu dieser Zeit vorherrschte. Coke ließ die beiden Mieter, Herrn Brett und Herrn Tann, kommen und bot an, ihre Mietverträge zu einem etwas höheren Betrag, nämlich 5, zu verlängern. ein Acre. Beide lehnten ab; und Herr Brett spottete über den Vorschlag und sagte, dass das Land nicht einmal die Einsen wert sei. 6d. ein Acre, der ursprünglich dafür bezahlt worden war. Diese knappe Weigerung genügte einem Mann von Coca-Colas Temperament. Er beschloss sofort, das Land selbst zu bewirtschaften. So kam es, dass ein junger Mann von zweiundzwanzig Jahren, der gerade aus den Salons Europas kam und ein fürstliches Vermögen besaß , plötzlich einer fröhlichen und modischen Welt den Rücken kehrte; und durch das Gelächter eines faulen Pächters in Aktion gesetzt, übernahm er die Verwaltung einer sterilen Farm, führte eine Gemeinde aus der Armut in den Wohlstand, verwandelte eine verlassene Grafschaft in ein Maisfeld und hinterließ einen Namen, der in den Annalen der englischen Landwirtschaft berühmt ist.

In der Geschichte der Landwirtschaft ist der Name Coca-Cola vor allem bei den berühmten Versammlungen in Erinnerung geblieben, die vor Ort als „Coke's Clippings" bekannt sind. Diese wunderbaren Treffen begannen auf einfache Weise mit dem Scheren oder Scheren von Schafen, erstreckten sich aber bald auf den gesamten Bereich der ländlichen Industrie. Wie man sich vorstellen kann, hatte Coke, als er die Leitung seiner Farmen übernahm, nicht die geringsten Kenntnisse über die Wissenschaft und Praxis der

Landwirtschaft. Also rief er seine Nachbarn zusammen und fragte sie ganz offen um Rat.

Sie wiederum waren zweifellos froh, einen so eifrigen und lernbegierigen jungen Mann kennenzulernen. Bald brachten sie ihre Freunde und Verwandten mit, und zwei Jahre später hatten diese kleinen Zusammenkünfte auf dem Land einen deutlicheren Charakter angenommen und wurden daraufhin „Coke's Clippings" genannt. Bald darauf schrieben Landwirte aus allen Teilen Großbritanniens und fragten, ob sie teilnehmen könnten. Der Ruhm der „Ausschnitte" wuchs schnell und stetig, bis schließlich Wissenschaftler und andere berühmte Männer aus den Vereinigten Staaten und dem Kontinent nach England reisten, um an diesen Treffen teilzunehmen. Von Jahr zu Jahr wuchs ihre Zahl, bis sie schließlich jede Nationalität, jeden Beruf und jeden Rang im Leben umfassten, vom Königshaus bis zum ärmsten Bauern. Holkham war tatsächlich zu einer großen Versuchsfarm geworden – ein privates Anwesen, das durch das Unternehmen seines Besitzers in eine öffentliche Einrichtung umgewandelt wurde. Heutzutage kennen wir staatliche Versuchsbetriebe, die ein- bis zweimal im Jahr von Tausenden Landwirten besucht werden. Aber vor einem Jahrhundert war so etwas noch unbekannt, und Coca-Cola kann zu Recht als „Vater der Versuchsfarm" bezeichnet werden. Bei diesen Scherungen überreichte Coca-Cola viele Pokale und Preise für die Erfindung neuer landwirtschaftlicher Geräte, für Vorschläge zu verbesserten Anbau-, Bewässerungs- und Bodenanreicherungssystemen und für Artikel zu landwirtschaftlichen Themen – kurz gesagt, an alle der dazu beigetragen hat, jeden Zweig der Agrarindustrie voranzubringen. Darüber hinaus erfahren wir, dass bei einem Treffen im Jahr 1803 ein Gewinnspiel angeboten wurde, bei dem es darum ging, das korrekte Gewicht eines Wethers zu erraten . Der Gewinner war ein gewisser Mr. Money Hill, der das genaue Gewicht erriet: 130 Pfund; während ein Metzger namens Rett ein guter Zweiter war und das Gewicht von vier anderen Schafen innerhalb eines Pfunds schätzte. Es heißt , dass ein Jahr später auf dem Holkham-Anwesen ein Pächter starb, der bei den Zeitungsausschnitten Preise im Wert von nicht weniger als 800 Pfund gewonnen hatte. Parteipolitische Themen wurden bei diesen Treffen sorgfältig ausgeschlossen, und jeder Versuch, in die Reden bei den jährlichen Abendessen einen Parteigeist einzubringen, wurde von Coca-Cola sofort zum Schweigen gebracht. Als Politiker war er ein prominenter Whig, aber als Landwirt versenkte er seine Politik und öffnete seine Türen für verdiente Männer, unabhängig von ihren Ansichten. So schenkte er Sir John Sinclair einen prächtigen Kelch als Zeichen seiner Wertschätzung für Sinclairs „Code of Agriculture", obwohl Sir John ein starker Anhänger der „abscheulichen Tories und ihres abscheulicheren Anführers, Mr. Pitt" war. Sir John war über alle Maßen erfreut und bemerkte mit wahrer Hochland-Höflichkeit, dass bisher das unbezahlbarste Erbstück in seinem Schloss der Trinkbecher von Mary Queen of Scots gewesen sei, er aber von nun an den Kelch seines Whig-Freundes als sein größtes betrachten würde Schatz.

Die letzte Ausgabe von „Coke's Clippings" fand im Jahr 1821 statt. Sie wurde von siebentausend Menschen besucht und dauerte ganze drei Tage. Der Bericht über diese pastorale Szene hat etwas sehr Erfreuliches. Ein stattliches Herrenhaus in einem herrlichen Park, mit einer Gruppe Dorfmädchen, die Flachs spinnen, auf einem samtenen Rasen, inmitten einer riesigen Menschenmenge aus allen Teilen der Erde. Pünktlich um zehn Uhr morgens, so lesen wir, kam Miss Coke in Begleitung ihres Vaters und des Herzogs von Sussex auf den Rasen. Nachdem die Begrüßung entgegengenommen und die Begrüßung ausgesprochen worden war, machte sich die große Menschenmenge auf den Weg, einige reitend, einige fahrend, einige zu Fuß, um die verschiedenen Höfe auf dem Anwesen zu inspizieren. Der erste Tag war dem Studium der geimpften Weide, dem Präsentieren von Rindern , neuen Geräten und der Schafschur inmitten landwirtschaftlicher Nutzpflanzen gewidmet. Der zweite Tag war frischen Feldern, Bauernschulen und Bauerngärten gewidmet. Der dritte Tag war mit der Besichtigung der Schlachttierkadaver , Reden und der Preisverteilung beschäftigt. An diesem Tag versammelten sich um 15 Uhr siebenhundert Gäste zum Abendessen, einem Mittagsmahl, das mit den Reden und Preisen sieben Stunden dauerte! Der Historiker dieser Zeit hat uns einen Bericht über die beliebtesten Toasts bei diesen jährlichen Banketten hinterlassen, wie zum Beispiel „Ein feines Vlies und ein fetter Kadaver ", „Der Pflug und eine gute Verwendung davon" und eine Hommage an Cokes Bemühungen, dies zu tun Alle Ödlande einzuschließen brachte immer das Haus zum Einsturz, denn es hieß witzig: „Die Einschließung aller Taillen", und Cokes eigener Toast „Leben und leben lassen" wurde ausnahmslos mit tosendem Applaus begrüßt. Die beiden Chronisten , die uns unanfechtbare Berichte über diese denkwürdigen Treffen hinterlassen haben, sind sich beide einig, dass Coke selbst die zentrale Figur war. Dr. Rigby schreibt in „Holkham and its Agriculture" (1818): „Er ist überall und bei jedem. Er bittet jeden um Nachfrage." Bei jedem Halt der Fahrt versammelten sich kleine Gruppen von Menschen um ihn und lauschten mit gespanntem Interesse allem, was er sagte, während er auf diese Weise stundenlang den Charakter des Anführers, Dozenten und Gastgebers aufrechterhielt. Und der damalige amerikanische Botschafter, Seine Exzellenz Herr Richard Rush, schreibt in „A Residence at the Court of London": „Ganz gleich, wie der spätere Fortschritt der englischen Landwirtschaft oder ihre Ergebnisse aussehen werden, Herr Coke wird immer einen ehrenvollen Rang unter ihnen einnehmen . " die Pioniere des großen Werkes. Wie auch immer die Zukunft kommen wird, die Holkham-Schafschur wird in den ländlichen Annalen

Englands Einzug halten. Lange wird die Tradition davon sprechen, dass sie Verbesserungen in der Landwirtschaft mit einer reichlichen, herzlichen und freudigen Gastfreundschaft vereinen ."

Als in Norfolk mit dem Koksanbau begonnen wurde, war der Wert der Rotation unbekannt. Damals war es üblich, nacheinander drei weiße Strohpflanzen anzubauen, gefolgt von Streurüben. Es war nicht verwunderlich, dass der Boden, der hauptsächlich aus Flugsand und scharfem, steinigem Kies bestand, bald abnutzen würde. Coke änderte diese Praxis und baute nur noch zwei weiße Feldfrüchte nacheinander an und ließ das Land dann für die nächsten zwei Jahre auf der Weide liegen. Er begann stark zu düngen; und verwendete Rapskuchen als Top-Dressing mit großem Erfolg. Darüber hinaus stellte er fest, dass der Boden fast des gesamten Bezirks aus sehr leichtem Sand bestand und mit einer Schicht aus reichem Mergel unterlegt war. Es wurden Gruben geöffnet, der Mergel ausgegraben und über die Oberfläche des Landes verstreut. Dies förderte nicht nur die Fruchtbarkeit, sondern verlieh dem Boden auch die Festigkeit, die für das Weizenwachstum so wichtig ist. Coke prahlte stolz damit, West Norfolk von einem Roggenanbaugebiet in ein Weizenanbaugebiet verwandelt zu haben. Doch es dauerte elf Jahre, bis er auf dem kargen, sandigen Boden seines eigenen Anwesens Weizen zum Wachsen bringen konnte. Dennoch brachten diese sogenannten „Kaninchen- und Roggen"-Ländereien vor seinem Tod bis zu 32 Scheffel pro Hektar ein. Seine Hauptidee bestand darin, große Mengen einzulagern; mehr wegen der Gülle als wegen des Fleisches. Seinen Glauben begründete er mit dem Motto: „Muck ist die Mutter des Geldes." Und uns wird erzählt, dass er seinen Pächtern zu sagen pflegte: „Wenn ihr einen zusätzlichen Hof Ochsen behalten wollt, werde ich euch kostenlos einen Hof und Schuppen bauen." Er war ein geduldiger Mann, aber man hörte ihn einmal sagen: „Es ist schwierig, der Unwissenheit von Erwachsenen etwas beizubringen. Ich hatte mit Vorurteilen, einer ignoranten Ungeduld gegenüber Veränderungen und einer tief verwurzelten Bindung an alte Methoden zu kämpfen." Er verwies darauf, dass die Bauern immer noch an der alten Methode der Getreidestreuung festhielten oder mühsam Löcher mit einem Stecheisen bohrten, in die das Getreide fiel, während ein anderer Mann mit einem Rechen nachzog und die Löcher zudeckte. So benutzte er den Bohrer sechzehn Jahre lang, bevor einer seiner Nachbarn dazu bewegt werden konnte, ihn zu übernehmen; und selbst als die Bauern endlich die Vorteile dieser schnellen Aussaat zu erkennen begannen, schätzte er, dass sie sich jedes Jahr nur auf eine Meile ausbreitete. Nach und nach bemerkte er jedoch, dass in Holkham ein kurioser Begriff für eine gute Gerstenernte in Gebrauch gekommen war. Seine Bauern sprachen von „Hutgerste", weil ein Mann seinen Hut in eine Gerstenernte wirft. Bei guter Ernte bleibt der Hut an der Oberfläche liegen, bei schlechter Ernte fällt er jedoch zu Boden.

„Alles, Sir", sagten seine Mieter schließlich, „ist ,Hat-Gerste', seit der Bohrer kam."

Coca-Cola wurde nie müde, mit allen Arten von Nutzpflanzen zu experimentieren. Knaulgras (Obstgras) wurde mit großem Erfolg angebaut und zahlreiche Schafe wurden darauf gemästet. An Land, das einst als wertlos galt, schnitt er vierhundert Tonnen Esparsette von einhundertvier Hektar ab. Er erkannte früh die Vorzüge der Kohlrüben und war der Erste, der sie in großem Umfang anbaute. Er führte eine spezielle Studie über Vögel im Zusammenhang mit der Ausrottung von Maden durch. Als er ein Rübenfeld fand, das von einer Larve befallen war, die schwarzen Krebs verursachte, trieb er vierhundert Enten auf das Feld, das sie innerhalb von fünf Tagen von diesem Schädling befreiten. Zu Beginn seiner Karriere verwarf Coke die einheimischen Schafe Norfolks, deren Rücken so schmal wie Kaninchen waren, zugunsten der Southdowns und entwickelte sich nach und nach zu einem der größten Schafzüchter Englands. Ermutigt durch den Herzog von Bedford, einen weiteren bedeutenden Landwirt, gründete er eine Herde North Devons und züchtete sie anschließend mit großem Erfolg. Er verbesserte auch die Suffolk-Schweinerasse, indem er sie mit dem Neapolitaner kreuzte, wodurch er eine bessere Schweinequalität erhielt. Eines seiner besonderen Hobbys war die Aufforstung. Er erkannte voll und ganz die Wahrheit des alten Sprichworts, dass ein Baum wächst, während sein Pflanzer schläft. Jedes Jahr pflanzte er fünfzig Hektar Holz an, hauptsächlich Eichen, spanische Kastanien und Buchen, bis er über dreitausend Hektar kahles, windgepeitschtes, gut bewachsenes Land verfügte. Er erlaubte den Armen der Nachbarschaft , zwei oder drei Jahre lang Kartoffeln zwischen seinen jungen Bäumen zu pflanzen; eine Praxis, die sein Land sauber hielt und die Kosten für das Hacken ersparte. Und im Jahr 1832 schiffte er sich in einem Schiff ein, das aus Eichenholz gebaut war, aus Eicheln, die er selbst gepflanzt hatte.

Er vertrat stets die Auffassung, dass die Interessen von Vermieter und Mieter identisch seien. Um seine Pächter daher zu größtmöglicher Anstrengung zu ermutigen, verpachtete er seine Höfe in Langzeitpachtverträgen mit einer Laufzeit von einundzwanzig Jahren, zu moderaten Pachtzinsen und mit nur wenigen Einschränkungen. Er erkannte jedoch bald, dass ein langer Mietvertrag bei einem trägen Mieter einen raschen Verfall der Immobilie bedeuten würde. Zu dieser Zeit bewarb sich ein gewisser Bauer namens Mr. Overman, der die neuen landwirtschaftlichen Pläne vorangetrieben hatte, um eine Farm auf dem Holkham-Anwesen. Coca-Cola erlaubte ihm versuchsweise, die Vereinbarungen seines eigenen Mietvertrags auszuarbeiten. Overman fügte sofort eine Klausel ein, die den verbesserten Anbau obligatorisch machte. Coke war so zufrieden, dass er diesen Mietvertrag mit ein paar geringfügigen Änderungen sofort zum Modell für alle seine anderen Mieter machte. Und so war das Land vollständig vor möglichen Schäden durch eine lange Zeit schlechter Landwirtschaft geschützt. Durch solche verbesserten Methoden soll Coke die jährliche Miete seines Anwesens von 2.200 £ auf 20.000 £ erhöht haben; während der jährliche Verlust an Holz und Unterholz durchschnittlich 2.700 £ betrug – eine Summe, die den gesamten Betrag seiner alten Mietliste überstieg. Während seiner 66 Jahre in Holkham gab er allein für Verbesserungen über eine halbe Million Pfund Sterling aus, ohne die großen Summen zu berücksichtigen, die er für sein Haus, sein Anwesen und seine Bauernhofgebäude ausgab. Es wird jedoch behauptet, dass sich dieser enorme Aufwand zu gegebener Zeit vollständig amortisierte. Zu dieser Zeit bestand das Holkham-Anwesen aus einer umzäunten Fläche von 4.300 Acres und einem Park von 3.500 Acres, der von einer zehn Meilen langen Mauer nahe am Meer umgeben war. In einem Band mit dem Titel „ Agricultural Writers " (1200-1800) von Donald McDonald erscheint der Name Coke nicht. Und es scheint, dass alles, was er jemals geschrieben hat, einige Aufsätze für die „Annals of Agriculture" (Arthur Young) und eine Broschüre mit dem Titel „An Address to the Freeholders of Norfolk" waren.

Die Biografie dieses bemerkenswerten Mannes wurde kürzlich von Frau AMW Stirling in zwei bunt gebundenen und reich illustrierten Bänden unter dem Titel „Coke and his Friends" verfasst. [1] Sein Andenken hat die mühsame und liebevolle Würdigung seines enthusiastischen Urenkels verdient. Um jedoch für den Landwirt von praktischem Wert zu sein, muss das Buch stark komprimiert werden. Von den fünfunddreißig Kapiteln können wir nur fünf finden, die von seinen Verdiensten für die Agrarindustrie berichten. Von tausend Seiten können wir nur einhundertsechzehn finden, die sich auf die Wissenschaft und Praxis der Landwirtschaft beziehen. Von den vierundsechzig sorgfältig ausgeführten Illustrationen können wir nur vier finden, die auch nur irgendetwas mit ländlichen Angelegenheiten zu tun haben. Man kann behaupten, dass Coke viel mehr als nur ein Landwirt war. Das ist sehr wahr; Aber sicherlich beruht sein Ruhm weit mehr auf seinen Verdiensten für den ländlichen Fortschritt als auf seinem Ruf als Politiker, Gesellschaftsführer oder Grundbesitzer. Wir hoffen daher, dass derselbe fließende Stift, der die größeren Bände hervorgebracht hat, in naher Zukunft ein praktischeres Leben führen wird, indem er sich insgesamt mit den landwirtschaftlichen Aktivitäten von Coca-Cola befasst. Coke starb 1842 im Alter von achtundachtzig Jahren und wurde im Familienmausoleum der Tittleshall Church in Norfolk beigesetzt.

[1] Herausgegeben von Herrn John Lane, London.

In einem so lebendigen und eindringlichen Lebensdrama gibt es dennoch zwei lebendige Szenen, an die wir uns unbedingt erinnern müssen.

Es war Coke, der im Unterhaus den Antrag einbrachte , die Unabhängigkeit der amerikanischen Kolonien anzuerkennen . Die ganze Nacht saß das Haus. Um 8.30 Uhr war Schluss. In atemloser Stille wurde das Ergebnis verkündet: 177 Nein, 178 Ja. Es war Coke, der dem hartnäckigen, verunsicherten König das Ergebnis dieser großen Debatte verkündete, durch die der verheerende Bruderkrieg für immer beendet und die Unabhängigkeit der Vereinigten Staaten vom Parlament des Mutterlandes nach neun bitteren Jahren mit Mehrheit anerkannt wurde einer Stimme. Die Gemeinde Burnham liegt neben der Gemeinde Holkham. Und der Sohn des Pfarrers des ehemaligen Dorfes, ein zerbrechlicher, zarter Junge, schloss sich manchmal Mr. Cokes Jagdhunden an, wenn sie auf der Jagd waren. Er wurde jedoch nie zum Schießen aufgefordert, da nur einmal bekannt war, dass er ein Rebhuhn getroffen hatte. Eines Tages besuchte dieser arme junge Mann, der von einer zweijährigen Kreuzfahrt zurückkehrte, seinen wohlhabenden Nachbarn und übernachtete dort. Der Großonkel seines Gastgebers baute das Herrenhaus von Holkham, und Thomas William Coke investierte sein ganzes Leben und ein großes Vermögen in die Entwicklung des Familienanwesens. Aber die Briten platzierten Nelson, den gebrechlichen und nervösen Gast, der in dieser Nacht in dem bescheidenen Turmzimmer schlief, auf der Spitze der Säule in der Mitte des Trafalgar Square.

KAPITEL III

ARTHUR YOUNG: AUTOR DER LANDWIRTSCHAFTLICHEN TOUR

„Die Magie des Eigentums verwandelt Sand in Gold. Geben Sie einem Mann den sicheren Besitz eines kahlen Felsens, und er wird ihn in einen Garten verwandeln; geben Sie ihm einen neunjährigen Pachtvertrag für einen Garten, und er wird ihn in eine Wüste verwandeln. " " – ARTHUR YOUNG.

Arthur Young, der größte englische Landwirt und der ärmste praktische Landwirt, wurde im Jahr 1741 in Whitehall, London, geboren. Er war der jüngste Sohn von Reverend Dr. Arthur Young, Pfarrer der Kathedrale von Canterbury, Rektor von Bradfield und von Anne Lucretia, Tochter von John de Cousmaker , einem Niederländer, der Wilhelm von Oranien nach England begleitete. Von seinem Vater erbte Arthur gutes Aussehen und literarisches Talent; und von seiner Mutter die Liebe zum Lernen und zur brillanten und angenehmen Sprache.

Mrs. Young brachte ihrem geistlichen Ehemann eine große Mitgift mit, von der ein großer Teil im Strudel seiner Schulden und später, nach seinem Tod, in der Förderung der landwirtschaftlichen Pläne ihres begabten, aber geschäftslosen Sohnes verschlungen wurde. Sein Zuhause war von Anfang an und für den größten Teil seines Lebens Bradfield Hall in der Grafschaft Suffolk – ein Anwesen, das sich seit dem Jahr 1672 in den Händen der Familie Young befand. Nach einem Besuch in Bradfield, das er von Marks aus erreichte Wenn man mit der Great Eastern Railway unterwegs ist, wundert man sich nicht über Youngs frühe Liebe zum Landleben. Eine breite, kurvenreiche, von Ulmen gesäumte Straße, knietiefe Wiesen mit wilden Blumen und wogenden Gräsern, verschlungene Hecken aus Eglantine und Geißblatt, raschelnde Maisfelder und stille Wälder – das alles waren die süßen Wege zu seinem Zuhause.

Im Alter von sieben Jahren wurde der Junge auf das Gymnasium in Lavenham geschickt, um Griechisch und Latein sowie Schreiben und Rechnen zu lernen. Dank der Nachsicht seiner liebevollen Mutter nahm er nur unregelmäßig an seinen Kursen teil, und weder die Zenturios von Cäsar noch die Freier von Penelope konnten ihn von seinem Pony, seinem Vorsteh und seiner Waffe abbringen. Aber die Billigkeit seiner Verpflegung und Schulbildung würde im Gnadenjahr 1912 die Herzen vieler Eltern in Transvaal und anderswo erfreuen. Hier ist die Rechnung:

„Der Rev. Dr. Young an John Coulter (Meister der Lavenham School), Weihnachten 1750 bis Weihnachten 1751. Eine Jahresverpflegung usw., £ 15. Diverses, £ 2 4 s. 4 d. Gesamt , £ 17 4 s. 4 d. "

Als er Lavenham verließ, ging er auf Wunsch seiner Mutter bei einem Weinhändler in Lynn in die Lehre. Er gab seine neue Arbeit auf. Er liebte Musik und Theater. Er war ein hervorragender Tänzer, war aber stets ein fleißiger Gelehrter.

Sein Einkommen war damals mit 30 Pfund pro Jahr nicht übermäßig hoch, aber sein übertriebener Kleidungsstil beraubte ihn der Mittel, um seine geliebten Bücher zu kaufen. Dementsprechend verfasste er eine Broschüre mit dem Titel „The Theatre of the Present War in North America", für die er vom Verlag Bücher im Wert von zehn Pfund erhielt. Mehr Bälle zwangen ihn, mehr politische Broschüren zusammenzustellen, um mehr Bücher zu beschaffen. Im Jahr 1759, im Alter von achtzehn Jahren, verließ er das Kontorhaus in Lynn, wie er uns in seinen eigenen Worten erzählt, „ohne Bildung, Beschäftigung, Beruf oder Anstellung". Im selben Jahr starb sein Vater hochverschuldet.

Als nächstes ging er nach London und gründete auf eigene Kosten eine Monatszeitschrift mit dem Titel „The Universal Museum". Es scheiterte und er kehrte nach Hause zurück. Sein gesamter Reichtum war nun in einer 20 Hektar großen, freistehenden Farm zusammengefasst. Seine Mutter besaß achtzig Hektar Land in Bradfield. Sie überredete ihn, bei ihr zu wohnen und die Farm zu bewirtschaften. Er hatte keine Ahnung von Landwirtschaft, aber er akzeptierte es und erzählt die Geschichte mit seinen eigenen Worten: „Jung, eifrig und völlig unwissend über jedes notwendige Detail, ist es nicht verwunderlich, dass ich große Summen für goldene Träume von Verbesserungen verschwendete." Im Alter von vierundzwanzig Jahren heiratete er Miss Martha Allen aus Lynn. Einer seiner Biographen sagt: „Die Ehe brachte ihm eine beneidenswerte Verbindung – Scharen von Freunden, einen Pass in brillante Kreise, aber kein Glück am Kaminfeuer. Die Dame war offensichtlich von züchtiger Natur, zänkischem Temperament und engstirnigen Sympathien . " Ein anderer Biograph schreibt: „Young war ein liebevoller Sohn, ein hingebungsvoller Vater und ein gleichgültiger Ehemann."

Nachdem es ihm nicht gelang, seine erste Farm zum Erfolg zu führen, begann Young unbeirrt mit der Bewirtschaftung von Sampford Hall in Essex. Dieser Hof bestand aus 300 Hektar gutem Ackerland. Aber der Mangel an praktischem Wissen und der Mangel an Kapital trieben ihn davon ab, und nach einer fünfjährigen Pachtzeit zahlte er einem Bauern 100 Pfund, um es ihm abzunehmen. Sein Nachfolger machte damit ein Vermögen. Aber während dieser fünf Jahre hatte Young eine große Anzahl von Experimenten durchgeführt, deren Ergebnisse er später in zwei großen Bänden unter dem Titel „A Course of Experimental Agriculture" veröffentlichte. Noch immer unerschütterlich in seiner Liebe zum Boden, suchte er nach einer anderen Farm, und die Suche lieferte Material für seine „Sechswöchige Tour durch die südlichen Grafschaften", ein sehr beliebtes Werk, das mehrere Auflagen erlebte. Zu dieser Zeit übernahm er auf Anraten seines Gerichtsvollziehers aus Suffolk eine 100 Hektar große Farm in North Mimms in Hertfordshire. Dieses Anwesen hatte ein gutes Haus, aber das schien alles gewesen zu sein. Er wurde getäuscht, als er es in einer besonders guten Saison sah. Diese Spekulation erwies sich als schlimmer als die letzte; aber seine malerische Feder versagte nie: „Ich weiß, welchen Beinamen ich diesem Boden geben soll. Sterilität reicht nicht aus – ein hungriger, giftiger Kies. Ich habe neun Jahre lang den Rachen eines Wolfes besetzt." Die einfache Tatsache war, dass er Erfolg hatte, wann immer er die Feder zu Papier brachte ; Wann immer er sich der praktischen Landwirtschaft zuwandte, war er ein ruinierter Mann.

Er schrieb weiter. Sein Verleger forderte weitere Touren. Seine Einnahmen waren beachtlich, dennoch berichten wir von ihm: „Kein Zugpferd hat jemals so hart gearbeitet wie ich zu dieser Zeit, gab wie ein Idiot aus und war immer verschuldet, ungeachtet dessen, was ich mit dem Schweiß meines Angesichts und fast mit meinem Herzensblut verdient habe." – die Jahreseinnahmen £1.167." Ungefähr zu dieser Zeit schrieb er „Observations on the Present State of the Waste Lands of Great Britain" und wurde zum Fellow der Royal Society gewählt. Als er feststellte, dass er mit der Landwirtschaft nicht genug verdienen konnte, um seinen Lebensunterhalt zu bestreiten, nahm er eine Anstellung als Parlamentsreporter für die „Morning Post" für fünf Guineen pro Woche an – ein höchst unpassender Job für einen Landwirt, da er gezwungen war, während dieser Zeit nicht zu Hause zu sein sechs Tage in der Woche. Dennoch blieb er mehrere Jahre lang dabei – er ging jeden Samstagabend siebzehn Meilen zu Fuß zu seiner Farm hinunter und kehrte jeden Montagmorgen nach London zurück.

Im Jahr 1784 begann Young mit der Veröffentlichung der „Annals of Agriculture" – einer monatlichen Veröffentlichung, die 45 Bände umfasste . Diese Annalen deckten den gesamten Bereich der Landwirtschaft in Form von Briefen und Aufsätzen der bedeutendsten Landbewohner der Zeit ab. Aber mehr als ein Viertel der gesamten Serie stammt aus der unermüdlichen Feder des Herausgebers. Sogar der König ließ sich überreden, zwei Briefe unter dem *Pseudonym* „Ralph Robinson", seinem Windsor-Schäfer, beizusteuern . Young erzählte mit großem Stolz, dass Seine Majestät eines

Tages auf der Terrasse von Windsor zu ihm sagte: „Herr Young, ich fühle mich Ihnen gegenüber mehr verpflichtet als jedem anderen Mann in meinen Dominions"; während die Königin bemerkte, dass sie nie ohne ein Exemplar der „Annalen" in der königlichen Kutsche reisten. Diese Bände sorgten in europäischen Kreisen für großes Aufsehen, und aus allen Teilen des Kontinents strömten Gelehrte herbei , um zu Füßen des Abaelard der englischen Landwirtschaft zu studieren. Ein Jahr später starb Youngs Mutter und Bradfield Hall und die Farm gingen in seinen Besitz über.

Wenn Tull der Begründer des Trockenanbaus und Coke der Vater der Versuchsfarm war, war Young zweifellos der Autor der landwirtschaftlichen Tour. Aus seiner fruchtbaren Feder stammen „The Southern", „The Northern" und „The Eastern Tours" sowie „The Tour in Ireland". Die ersten drei Touren wurden auf ausdrücklichen Befehl der Kaiserin Katharina ins Russische übersetzt, die gleichzeitig mehrere junge Russen zur Unterweisung in britischer Landwirtschaft nach Bradfield schickte. Er war der Meinung, dass das nützlichste Merkmal der Führungen die praktischen Informationen waren, die sie über das wichtige Thema des richtigen Ernteverlaufs vermittelten, zu dem alle früheren Autoren geschwiegen hatten. Sein bekanntestes und beliebtestes Werk waren seine „ Reisen in Frankreich in den Jahren 1787, 1788 und 1789".

Doch diese bemerkenswerten Reisen wurden zwanzig Jahre zuvor in einem kleinen Buch mit dem Titel „The Farmer's Letters to the People of England" angedeutet, in dem er schrieb: „Der Adel und Männer mit großem Vermögen reisen, aber keine Bauern; leider Diejenigen, die diesen besonderen und besonderen Vorteil haben, die edle Gelegenheit, sich selbst und ihrem Land zu nützen, fragen sich selten nach der Landwirtschaft oder denken auch nur darüber nach.

Dann folgt die Skizze einer Bauerntour mit den für den imaginären Reisenden festgelegten Routen , also genau den Straßen, denen er selbst zwei Jahrzehnte später folgen sollte.

Im Jahr 1787 erhielt er von einem polnischen Freund in Paris eine dringende Einladung, mit dem Grafen de la Rochefoucauld eine Tour durch die Pyrenäen zu unternehmen. „Das berührte eine Saite, die zitterte, bis sie vibrierte", schreibt er: „Ich hatte mir schon lange eine Gelegenheit gewünscht, Frankreich zu untersuchen." Seine Reisen in Frankreich waren die Sensation der Stunde. Niemand hatte zuvor so etwas getan. Er war Augenzeuge der bewegenden Szenen, die die Französische Revolution einleiteten. Sein Name war in aller Munde. Er erhielt Einladungen zu Höfen und Salons. Alle gelehrten Gesellschaften nahmen ihn als Mitglied auf. Sein Werk wurde in zahlreiche Sprachen übersetzt. Prinzen, Staatsmänner, Wissenschaftler, Literaten, einfache Bauern und einfache Bauern statteten

Bradfield einen Besuch ab. Unter seinen Korrespondenten sind die Namen Washington und Pitt zu nennen. Burke, Wilberforce, Lafayette, Priestly und Jeremy Bentham. So kam es, dass, als der wohlhabende Coke of Norfolk in Holkham einen kontinentalen Schafschursalon veranstaltete, sein mittelloser Nachbar , fünfzig Meilen südlich, einen europäischen Deich abhielt , um die Grundprinzipien der ländlichen Wirtschaft zu diskutieren.

Vier Jahre später wurde Youngs Herz durch den Tod seiner Lieblingstochter „Bobbin" im frühen Alter von vierzehn Jahren gebrochen. Er entwickelte religiöse Melancholie, mied die Gesellschaft, ließ sein Tagebuch leer und grübelte über Predigten. Seine Sehkraft begann nachzulassen. Er wurde wegen Katarakt operiert. Wilberforce wurde zur Vorsicht ermahnt und besuchte ihn eine Woche später im abgedunkelten Raum. Mit seiner süßen und eleganten Stimme sprach der Große Emanzipator gefühlvoll über den Tod eines gemeinsamen Freundes. Young brach in Tränen aus und wurde für immer blind. Den Rest seines Lebens verbrachte er damit, der Bauernschaft das Evangelium zu predigen und sich für wohltätige Zwecke zu engagieren. Er starb im achtzigsten Lebensjahr in der Sackville Street in London und wurde im April 1820 in Bradfield beigesetzt.

Es ist unmöglich, in diesem kurzen Artikel mehr zu tun , als die Schriften von Young zu erwähnen. Diese müssen wir für eine spätere Arbeit reservieren. Unsere Bibliothek ist noch lange nicht vollständig, dennoch besitzen wir sechsundsechzig Bände seiner funkelnden Prosa, die übereinandergelegt eine Höhe von neun Fuß erreichen – ein Denkmal erstaunlichen Fleißes. Allerdings war er nicht von den kleinlichen Eifersüchteleien verschont, die so oft den Charakter bedeutender Männer beeinträchtigen. Er versuchte, Sir John Sinclair etwas Anerkennung für das Board of Agriculture abzugewinnen , und er spottete über die Idee, dass Jethro Tull den Maisbohrer erfunden hatte. Er traf die größten Gelehrten seiner Zeit und unterhielt sich mit ihnen, doch die alten Weinflaschen, die er im Suffolk-Laden ausschenkte, gingen ihm nicht aus dem Kopf. Und so sagt er arrogant, dass Kanada und Nova Scotia es nicht wert seien, kolonisiert zu werden . „Wenn sie arm bleiben, werden sie keine Märkte mehr sein. Wenn sie reich sind, werden sie rebellieren; und das ist vielleicht das Beste, was sie für unser Interesse tun können." ... „Der Verlust Indiens muss kommen. Er sollte kommen." Doch trotz all seiner törichten Fantasien, was für ein herrliches Leben! Denn er war der Prophet der neuen Landwirtschaft im Tal der trockenen Knochen. Und England könnte die Grabinschrift seines berühmten Sohnes durchaus mit den Worten Hesekiels verfassen: „Dieses Land, das verwüstet war, ist wie der Garten Eden geworden."

KAPITEL IV

JOHN SINCLAIR: GRÜNDER DES LANDWIRTSCHAFTSAUSSCHUSSES

Eine der frühesten Erinnerungen an die Kindheit des Schriftstellers, als er im Swiney Burn im hohen Norden Schottlands Forellen fischte, war die Geschichte eines gewissen wunderbaren Mannes, der es pflegte, seinen Schafen kleine Schuhe an die Füße zu binden, um sie zu behalten sie wärmen beim Spaziergang durch den Schnee. Aber viele Forellen mussten gefangen werden, und viele Wellen des leuchtenden Flusses mussten unter der Thurso -Brücke hindurchfließen, bevor er den Namen der seltsamen Person erfuhr, die seine kindliche Fantasie erregte, als er von seiner zitternden Angelschnur aufblickte und in die wehmütigen Augen blickte eines Cheviot-Mutterschafs im einsamen, weinroten Moor.

Sir John Sinclair, der Gründer des British Board of Agriculture, wurde am 10. Mai 1754 in Thurso Castle in der Grafschaft Caithness geboren . Sein Vater, George Sinclair, der Laird von Ulbster , war ein Nachkomme der Earls of Caithness und Orkney; während seine Mutter, Lady Janet Sutherland von Dunrobin, die Schwester des sechzehnten Earls dieses Namens war. Als Kind wurde er von seinen Eltern sorgfältig und klug erzogen. Von seinem Vater, einem Mann mit literarischem Geschmack und zutiefst religiösem Charakter, erbte er die Liebe zu Büchern; und von seiner sanften Mutter lernte er, dass das Leben kein leerer Traum ist; und ihr Junge sollte bald als „der unermüdlichste Mann Europas" bekannt sein.

John wurde an der Royal School of Edinburgh und an der Universität derselben Stadt ausgebildet, die er im frühen Alter von dreizehn Jahren besuchte. Er studierte auch in Glasgow und am Trinity College in Oxford. Er wurde 1782 als Rechtsanwalt zugelassen. Sein Vater starb plötzlich, als John sechzehn war, und er fand sich als Erbe eines Anwesens wieder, das etwa 100.000 Acres umfasste, hauptsächlich ödes und unfruchtbares Moor. Er begann sofort, sein Eigentum zu verbessern.

Die schottische Landwirtschaft befand sich damals in einem äußerst rückständigen Zustand. Die Felder waren nicht eingezäunt, die Ländereien waren nicht entwässert. Die Kleinbauern von Caithness waren so arm, dass sie es sich kaum leisten konnten, ein Pferd oder sogar ein Shetlandpony zu halten. Die Lasten wurden überwiegend von Frauen getragen. Laut Smiles war es für einen Cottar, der ein Pferd verlor, nicht ungewöhnlich, dass er als billigsten Ersatz eine Frau heiratete.

Das Land war ohne Straßen und Brücken . Viehtreiber, die ihr Vieh in den Süden brachten, mussten Flüsse neben ihren Tieren durchschwimmen. Der Hauptweg, der ins Land führte, verlief auf dem hohen Felsvorsprung eines Berges namens Ben Cheilt ; Der Weg verlief mehrere hundert Fuß über dem sturmgepeitschten Meer, das auf den Felsen unten donnerte.

Stellen Sie sich das laute Gelächter der Ältesten dieser Gemeinde vor, als sie das Gerücht hörten , dass der junge Sinclair vorschlug, an einem einzigen Tag eine Straße über diesen bis dahin unpassierbaren Hügel zu bauen. Aber John überwachte selbst die Straße und ordnete die Statutsarbeit an . Damals verfügte das Gesetz, dass alle fähigen Bewohner der landwirtschaftlichen Klasse jedes Jahr sechs Tage lang auf der Straße arbeiten sollten. Und so versammelte er an einem frühen Sommermorgen die umliegenden Bauern und ihre Bediensteten – insgesamt 1.260. Bei ihrer Ankunft wurde jeder Gruppe ein bestimmtes Stück des Weges zugewiesen, wo Werkzeuge und Proviant auf sie warteten. Bei Sonnenuntergang desselben Abends fuhr der junge Mann mit seiner Kutsche und seinem Gespann sechs Meilen über eine Bergstraße, die in der Nacht zuvor ein gefährlicher Schafpfad gewesen war. Die Nachricht von dieser Heldentat eines Achtzehnjährigen verbreitete sich weit und breit und weckte den schlafenden Geist des Nordens.

Im Alter von 26 Jahren wurde John Sinclair zum Parlamentsmitglied der Grafschaft Caithness gewählt und blieb über dreißig Jahre im Unterhaus.

Das große Denkmal für Sinclairs unermüdlichen Fleiß ist sein „Statistical Account of Scotland" in einundzwanzig Bänden, eines der wertvollsten Werke über die Landwirtschaft, die jemals in einem Land veröffentlicht wurden. Die Fertigstellung dauerte sieben Jahre und sieben Monate ununterbrochener Arbeit . Damals wurden die Wörter „statistics" und „statistical" erstmals von Sinclair in die englische Sprache eingeführt. Er nutzte den Klerus, um an die von ihm gewünschten Informationen zu gelangen. Er schickte an jeden Pfarrer in Schottland einen Rundbrief mit 160 Fragen unter vier Überschriften: (1) Geographie und Naturgeschichte. (2) Bevölkerung. (3) Produktion. (4) Verschiedene Themen.

Bei der Datenerhebung traten viele Schwierigkeiten auf. Einige Geistliche verachteten die Idee, dass ein Mann all diese Informationen sammeln und zusammentragen könnte; andere waren geistig und körperlich faul und einige waren alt und gebrechlich. Mehrere Pfarreien standen leer, einige waren zu groß, um sie vollständig zu bedecken, viele hatten keine Straßen und nicht wenige waren durch stürmische Meeresarme getrennt. Um diese Hindernisse zu überwinden, nahm er die Hilfe der Führer der Church of Scotland, der er angehörte, und der Großgrundbesitzer in Anspruch, und als letzten Ausweg beschäftigte er statistische Missionare, um die fehlenden

Informationen zu liefern. Er überwies großzügig den gesamten Gewinn dieser Veröffentlichung dem Scottish Fund zugunsten der Söhne des Klerus und erhielt für diese Gesellschaft ein königliches Stipendium in Höhe von 2.000 Pfund. Zu den direkten Ergebnissen dieser Arbeit gehörte die Anhebung der Stipendien von Ministern und Schulmeistern – sicherlich eine überzeugende Antwort auf seine Kritiker in den Pfarrhäusern – und die Abschaffung dessen, was damals „Thirlage" oder das obligatorische Mahlen von Mais in einer bestimmten Mühle genannt wurde . Charles Abbot, später Lord Colchester, der Begründer der englischen Volkszählung, schrieb an Sinclair: „Ihr Erfolg hat mich auf die Idee gebracht", und die verschiedenen Statistikämter in den Vereinigten Staaten und anderen Ländern können direkt auf den Einfluss von zurückgeführt werden seine Abhandlung.

Im Jahr 1788 gründete Sinclair die Wool Society. Schon seit einiger Zeit fragte er sich, warum Shetlandwolle so extrem fein sei. Als er bei der Generalversammlung in Edinburgh einen Minister der Shetlandinseln traf , stellte er ihm die Frage und erhielt viele wertvolle Informationen, die er sofort der Highland Society vorlegte. Dies veranlasste ihn, die British Wool Society zu gründen. Es wurde im Jahr 1791 durch ein großes Schafschurfest im Newhall's Inn, Queensferry, in der Nähe von Edinburgh, eingeweiht. Sinclair gebührt daher das Verdienst, die Schafschurwettbewerbe ins Leben gerufen zu haben, die sich einige Jahre später zu Cokes berühmten „Ausschnitten" entwickelten ," und die die Vorläufer unserer heutigen Landwirtschaftsmessen waren. Die erste Landwirtschaftsausstellung wurde 1822 von der Highland and Agricultural Society in Edinburgh abgehalten. Es waren die Long Hill-Schafe der East Border, die Sinclair auf den heute berühmten Namen Cheviot umtaufte. Diese Schafe wurden bald überall im Norden Schottlands eingebürgert , und in kurzer Zeit stiegen die Pachtzinsen der Schaffirmen auf sagenhafte Preise. Weiden von geringem Wert unter grobwolligen Schafen brachten große Erträge. Als Beispiel für den praktischen Wert seiner Verbesserungen sei erwähnt, dass Sinclairs Anwesen Langwell , das er für 8.000 Pfund gekauft hatte, später für 40.000 Pfund verkaufte, während das Anwesen von Reay in Sutherlandshire für 300.000 Pfund gekauft wurde. Der Name Cheviot leitet sich von der Reihe runder oder kegelförmiger Hügel ab, die ein erstklassiges Weideland an der Grenze zwischen Schottland und England bilden.

In den ersten Zeilen dieses Artikels habe ich von einer kindischen Geschichte über die Schafschur gesprochen. Dass diese Legende keine bloße Fiktion ist, geht aus dem folgenden Brief von Arthur Young hervor (siehe Autobiographie von Arthur Young, Seite 159): „Von Sir J. Sinclair über Kleidung für Schafe, die er mir schickte und mit der Bitte, sie zu kaufen. Das tat ich . " , und der Rest der Herde hielt sie vermutlich für Raubtiere und floh in alle Richtungen, bis die bekleideten Schafe, die über Hecken und Gräben sprangen, sich bald selbst entkleideten .

In seinem dritten Vortrag in der „Krone der wilden Oliven" weist Ruskin darauf hin, dass alle reinen und edlen Künste des Friedens auf Krieg beruhen. Es lohnt sich daher, darauf hinzuweisen, dass das British Board of Agriculture gegründet wurde, als Großbritannien sich im erbitterten Kampf mit Frankreich befand, der auf dem Gebiet von Waterloo endete, und dass das National Department of Agriculture in den Vereinigten Staaten im Jahr 2000 eingeweiht wurde Mitten im Bürgerkrieg und dass das Landwirtschaftsministerium von Transvaal gegründet wurde, bevor in Vereeniging der Frieden unterzeichnet wurde. Im Jahr 1793 wurden Sinclairs Verdienste bei der Wiederherstellung des Vertrauens in der Wirtschaft während der Krise, die bei Ausbruch des Französischen Krieges ausbrach, von Pitt gewürdigt , der ihn nach Downing Street kommen ließ, ihm im Namen der Regierung dankte und ihn fragte, ob er dort sei war alles, was er sich wünschte. Sinclair antwortete, dass er keinen Gefallen für sich selbst suche, aber das Erfreulichste von allem wäre die Gründung einer großen nationalen Körperschaft mit dem Namen „The Board of Agriculture" durch das Parlament. Zu gegebener Zeit wurde der Vorstand erfolgreich eingerichtet, mit dem König als Schirmherr, Sinclair als Präsident und Arthur Young als Sekretär. Der jährliche parlamentarische Zuschuss betrug 3.000 £.

In diesem kurzen Rückblick haben wir keinen Platz, um das Schicksal des Vorstands bis zum Tag der Pensionierung seines inspirierenden Gründers zu verfolgen, bis zu dem Zeitpunkt, als er 42.000 Pfund an das Finanzministerium zurückgab – ohne zu wissen, wofür er es ausgeben sollte –, bis es schließlich verblasste verschwand im Jahr 1822. Dennoch leistete der Vorstand viel unvergängliche Arbeit. Es führte landwirtschaftliche Untersuchungen durch, veröffentlichte mehrere Bände mit „Mitteilungen", förderte Preisaufsätze zu ländlichen Themen, ermutigte Elkington, den Vater der Entwässerung, Macadam, den Straßenbauer, und Meikle, den Erfinder der Dreschmaschine, und organisierte Vorträge von Sir Humphry Davy über Agrarchemie und Young über Bodenbearbeitung.

Der Norden Schottlands hatte Sinclair damals viel zu verdanken. Im Jahr 1782 rettete er die Einwohner vor einer schweren Hungersnot, indem er einen parlamentarischen Zuschuss von 15.000 Pfund erhielt. Im selben Jahr erwirkte er zusammen mit einigen anderen Patrioten die Aufhebung des Gesetzes, das 37 Jahre lang – seit dem Aufstand von 1745 – die Verwendung des Kilts verboten hatte.

Sinclair war ein begeisterter Baumpflanzer in einem Land, das einst von einem amerikanischen Besucher witzig als „ Great Clearing" beschrieben wurde. Er baute Thurso wieder auf und gründete die Heringsfischerei in Wick. Um den Erfolg dieser Industrie sicherzustellen, importierte er niederländische Fischer, um den Caithnessmen die Kunst des Heringsfangs und der Pökelung beizubringen. Er führte verbesserte Bodenbearbeitungsmethoden, einen regelmäßigen Fruchtwechsel und den Anbau von Rüben, Klee und Weidelgras ein. Einer seiner vielen Pläne war ein Gesetz zur allgemeinen Einschließung. Sein Trinkspruch bei landwirtschaftlichen Zusammenkünften lautete: „Möge eine Gemeinde in Caithness zu einem ungewöhnlichen Spektakel werden ."

1786 wurde seine Verbundenheit mit William Pitt mit der Baronetzwürde belohnt. Sir Johns häusliches Leben war außerordentlich glücklich. Als wir uns auf das bereits erwähnte alte Buch beziehen, lesen wir: „Er war zweimal mit zwei der schönsten Frauen der Insel verheiratet. Seine First Lady, eine Miss Maitland, starb früh in der Blüte ihrer Jugend. Seine jetzige Dame ist die Tochter des verstorbenen Lord Macdonald, und mit ihr hat er einen Sohn, George, und weitere Kinder.

Es kann nicht bezweifelt werden, dass Sir John das Rampenlicht liebte, eine grenzenlose Selbstgefälligkeit besaß, ihm der rettende Sinn für Humor fehlte und er seine eigenen Leistungen überschätzte. Aber diese Eitelkeiten waren nur der unregelmäßige Rauch in der blauen Flamme einer brennenden Energie. Was für eine Lektion in Sachen Industrie für die Jugend Südafrikas. Fünfzig Jahre unaufhörlicher Arbeit, Autor von neununddreißig Bänden und 367 Broschüren. Dieser schottische Landwirt starb 1835 im reifen Alter von einundachtzig Jahren und wurde nach einem alten Familienritus in der Holyrood Chapel in Edinburgh begraben – der Freund und Vertraute dreier englischer Könige.

KAPITEL V

CYRUS H. McCORMICK : ERFINDER DES REAPERS

„Ich gehe davon aus, dass ich im Zaum sterbe, denn dies ist nicht die Welt zum Ausruhen. Dies ist die Welt zum Arbeiten. In der nächsten Welt werden wir den Rest haben." — CYRUS H. MCCORMICK.

Es ist kaum zu erwarten, dass diejenigen, die in einer Million Kirchen andächtig den vierten Satz des Vaterunsers singen, mit Dankbarkeit an eine andere Person denken als an den göttlichen Geber alles Guten. Dennoch ist es seltsam, darüber nachzudenken, dass, obwohl jeder Schuljunge etwas über das Leben unseres geringsten Poet Laureate weiß, nicht einer von Zehntausend Ihnen die Karriere des Mannes erzählen konnte, der auf wahrhaft wundersame Weise auf die herzliche, weltbetonte Matin von reagierte Reiche und Arme: „Gib uns heute unser tägliches Brot."

Cyrus H. McCormick, der Erfinder der Erntemaschine, wurde im bewegten Jahr 1809 geboren. Es war das Geburtsjahr von Darwin und Tennyson, von Mendelssohn, Gladstone und Lincoln. Er wurde auf der Walnut Grove Farm inmitten der Berge Virginias, hundert Meilen vom Meer entfernt, geboren. Er entstammte jener männlichen Abstammung, die sich als die Hauptstärke der Republik erwiesen hat und die Washington neununddreißig seiner Generäle, drei von vier Mitgliedern seines Kabinetts und drei von fünf Richtern des Obersten Gerichtshofs bescherte – die Schotten, die nach Ulster und von dort in die Vereinigten Staaten auswanderten. Robert McCormick, der Vater von Cyrus, war ein ziemlich großer Bauer und ein Erfinder mit beachtlichen Fähigkeiten. Dem neugierigen Touristen wird noch immer die kleine Holzwerkstatt gezeigt, in der Vater und Sohn an manchen regnerischen Tagen Maschinen formten und reparierten. Tatsächlich wird uns gesagt, dass das McCormick-Gehöft eher einer kleinen Fabrik als einem Bauernhaus ähnelte, so voll war es mit ländlichen Industrien – Spinnerei und Weberei, Seife und Schuhe, Butterherstellung und Speckpökelung. Und es ist mehr als wahrscheinlich, dass die unaufhörliche Aktivität seiner weisen und keltischen Mutter Cyrus den Wert jedes Augenblicks der Zeit lehrte.

Schon als Kind von sieben Jahren hatte sein Vater den Ehrgeiz, einen Schnitter zu erfinden. Er baute eines und versuchte es in der Ernte 1816, aber es erwies sich als Fehlschlag. Es war eine fantastische Maschine, die von zwei Pferden von hinten geschoben wurde. Es war äußerst genial, aber es konnte den Mais nicht schneiden und wurde vom Feld geschleppt, um zu einem der Witze auf dem Land zu werden. Durch die Scherze seiner

Nachbarn verletzt , schloss er die Tür seiner Werkstatt ab und schuftete nachts. Im Frühsommer 1831 hatte er seinen Schnitter so verbessert, dass er ihn noch einmal ausprobierte. Wieder scheiterte es. Zwar schnitt die Maschine den Mais ziemlich gut, aber sie schleuderte ihn in einem wirren Haufen auf den Boden. Robert McCormick war überzeugt, dass etwas grundlegend falsch war, und gab den Schnitter auf, nachdem er über fünfzehn Jahre lang daran gearbeitet hatte.

An diesem Punkt übernahm Cyrus die Aufgabe, die sein Vater widerwillig aufgegeben hatte. Er zeigte von Anfang an sein Genie, indem er ein neues Funktionsprinzip übernahm. Zunächst erfand er den Teiler, um den zu schneidenden Mais vom stehenden Mais zu trennen. Als nächstes kamen das hin- und hergehende Messer und die Finger, die sich drehende Rolle, die Plattform und der Seitenzug sowie schließlich das große Antriebsrad. Eines Tages Ende Juli , im Sommer 1831, setzte Cyrus ein Pferd zwischen die Schäfte seines Schnitters. Da es außer seinem Vater und seiner Mutter sowie seinen Brüdern und Schwestern keine Zuschauer gab, fuhr er zu einem gelben Kornfeld hinunter. Für diesen kleinen Familienkreis muss es ein Moment großer Aufregung gewesen sein. Klick, klick, klick – die weiße Klinge schoss hin und her . Was für ein Freudenschrei! Der Weizen wird geschnitten und fällt in einer golden schimmernden Bahn auf die Plattform!

So hatte Cyrus im frühen Alter von zweiundzwanzig Jahren den ersten praktischen Schnitter erfunden, den die Welt gesehen hatte. Und nun begann sein neunjähriger Kampf mit Widrigkeiten, aus dem er triumphierend hervorging und der größte Hersteller von Erntemaschinen wurde, den Amerika je produziert hat. Um Geld für die Herstellung von Schnittmaschinen zu erhalten, begann er mit der Landwirtschaft. Doch bald stellte er fest, dass es unmöglich war, auf diese Weise ausreichend Kapital zu beschaffen . In der Nähe befand sich ein großes Eisenerzvorkommen, und er beschloss sofort, einen Ofen zu bauen und Eisen herzustellen. Er überredete seinen Vater und den Schullehrer, seine Partner zu werden. Der Ofen funktionierte mehrere Jahre lang recht gut, als plötzlich der Eisenpreis sank. Die McCormicks waren bankrott. Cyrus gab die Farm auf und blieb grimmig bei seinem Schnitter. Eines Tages ritt der Dorfpolizist mit einer Vorladung zur Begleichung einer Schuld in Höhe von neunzehn Dollar vor die Tür der Farm, aber er war von der Fleißigkeit der McCormicks so beeindruckt , dass er es nicht übers Herz brachte, die Kündigung zuzustellen. Es war die dunkelste Stunde vor der Morgendämmerung.

Im selben Jahr (1840) ritt ein Fremder aus dem Norden ein und zog die Zügel vor der kleinen Holzwerkstatt an. Er war ein grob aussehender Mann mit dem heimtückischen Namen Abraham Smith, aber für Cyrus kam er wie ein Engel des Lichts. Er war mit fünfzig Dollar in der Tasche gekommen , um einen Schnitter zu kaufen – den ersten, der jemals verkauft wurde. Kurze Zeit später kamen zwei weitere Bauern mit demselben Auftrag, und in diesem Sommer waren drei Erntemaschinen auf den Weizenfeldern Amerikas im Einsatz. Im Jahr 1842 verkaufte McCormick sieben Maschinen und im Jahr 1844 fünfzig. Der heimische Bauernhof war mittlerweile zu einer geschäftigen Fabrik geworden.

Drei Jahre später sagte ein Freund zu ihm: „Cyrus, warum gehst du nicht mit deinem Schnitter nach Westen, wo das Land eben und die Arbeitskräfte billig sind?"

Es war der Ruf des Westens.

Er reiste über die grenzenlosen Prärien und erkannte schnell, dass dieser große Landozean die natürliche Heimat des Schnitters war. Sofort verlegte er seine Fabrik nach Chicago – damals, im Jahr 1847, eine verlassene kleine Stadt mit weniger als 10.000 Einwohnern. Sein Geschäft florierte. Bei dem großen Brand von 1871 wurde seine Fabrik, die damals 10.000 Erntemaschinen pro Jahr produzierte , völlig zerstört. Auf das Wort seiner Frau hin baute er es mit erstaunlicher Geschwindigkeit wieder auf. Und so stellen wir fest, dass aus der winzigen Werkstatt im Hinterland von Virginia die McCormick City im Herzen von Chicago geworden ist. In den 65 Jahren ihres Bestehens hat diese Manufaktur über 6.000.000 Erntemaschinen hergestellt und produziert derzeit über 7.000 pro Woche. Die McCormick Company ist heute als International Harvester Company bekannt und sein ältester Sohn, Cyrus H. McCormick, ist der Präsident. Die jährliche Produktion beträgt 75.000.000 Dollar. Es war der Schnitter, der es den Vereinigten Staaten während der vier Jahre des Bürgerkriegs ermöglichte, nicht nur die Armeen auf dem Feld zu ernähren, sondern gleichzeitig 200.000.000 Scheffel Weizen ins Ausland zu exportieren. Und durchaus könnten die Gelehrten der Französischen Akademie der Wissenschaften sagen, als sie Cyrus McCormick zum Mitglied wählten, dass „er mehr für die Sache der Landwirtschaft getan hat als jeder andere lebende Mann."

Und jetzt müssen wir die Entwicklung des Mähers von seinem Ursprung auf der Walnut Grove Farm bis zur wunderbaren Maschine von heute verfolgen. Etwa dreißig Jahre lang blieb das Design praktisch unverändert, abgesehen davon, dass Sitze für den Schwader und den Fahrer hinzugefügt wurden. Es schnitt lediglich das Getreide ab und ließ es in losen Bündeln auf dem Boden liegen. Es hatte die Sichel und die Wiege abgeschafft , aber es blieben noch die Harke und das Bindemittel. Wäre es nicht möglich, sie auch abzuschaffen und nur den Fahrer übrig zu lassen? Das war das faszinierende Problem, vor dem der Erfinder nun stand.

Im Jahr 1852 kaufte ein bettlägeriger Krüppel namens Jearum Atkins einen Schnitter von McCormick und ließ ihn vor seinem Fenster aufstellen. Um sich die anstrengenden Stunden zu vertreiben, erfand er tatsächlich ein Gerät mit zwei rotierenden Eisenarmen, das das geschnittene Getreide automatisch von der Plattform auf den Boden harkte. Es war eine groteske Erfindung und wurde von den Bauern als „Eiserner Mann" bezeichnet. Dennoch stimulierte diese Erfindung die Herstellung von selbstrechenden Mähern, und bald kauften die amerikanischen Landwirte keine andere Art mehr. Damit war ein Teil des Problems gelöst. Der Rechen wurde abgeschafft. Aber es blieb noch die schwierigere Aufgabe, den Binder zu ersetzen – den Mann oder die Frau, die die Bündel geschnittenen Mais aufsammelten und sie mit einem Strohhalm fest zu einem Bündel zusammenbanden.

Und nun erscheint eine weitere Figur auf dieser sich ständig bewegenden Bühne, ein junger Mann namens Charles B. Withington . Dieser zarte junge Mann wurde in Akron, Ohio, ein Jahr bevor McCormick seinen Schnitter erfand, geboren und von seinem Vater zum Uhrmacher ausgebildet. Um sein Taschengeld zu verdienen, ging er im Alter von fünfzehn Jahren auf das Erntefeld, um Mais zu binden. Er war nicht robust und die harte, gebückte Arbeit unter der heißen Sonne führte manchmal dazu, dass ihm das Blut in Form einer Blutung in den Kopf stieg. Es gab Zeiten, in denen er nach getaner Arbeit zu müde war, um nach Hause zu gehen, und sich auf die Stoppeln warf, um auszuruhen. Mit achtzehn reiste er zu den Goldfeldern Kaliforniens, ließ sich nach Australien treiben und kam im Jahr 1855 mit 3.000 Dollar im Gürtel zurück nach Wisconsin. All dieses Geld verschwendete er, indem er versuchte, einen selbstharkenden Schnitter zu erfinden. Plötzlich ließ Withington , inspiriert von den Artikeln eines ländlichen Redakteurs, der behauptete, dass das Binden von Mais von einer Maschine erledigt werden sollte, seinen Selbstharken fallen und machte sich sofort an die Arbeit, einen Selbstbinder herzustellen. Er stellte seine erste Maschine im Jahr 1872 fertig, stieß jedoch auf große Entmutigung, bis er zwei Jahre später auf McCormick stieß.

Ihr dramatisches Treffen wird am besten von Herrn Herbert M. Casson in seinem interessanten Band mit dem Titel „Cyrus Hall McCormick: His Life and Work" beschrieben.

> „Eines Abends im Jahr 1874 ging ein großer Mann mit einer Kiste unter dem Arm schüchtern die Stufen des McCormick-Hauses in Chicago hinauf und klingelte. Er bat um einen Besuch bei Mr. McCormick und wurde in den Salon geführt, wo er … fand Mr. McCormick, wie üblich, in einem großen und bequemen Stuhl sitzend.

„„Mein Name ist Withington ', sagte der Fremde; ich lebe in Janesville, Wisconsin. Ich habe hier ein Modell einer Maschine, die automatisch Getreide bindet.'

„Nun geschah es, dass McCormick fast die ganze Nacht zuvor wegen eines hartnäckigen geschäftlichen Problems wach gehalten worden war. Er konnte kaum die Augenlider auseinander halten. Und als Withington mit der Entschlossenheit eines Geborenen mitten in seiner Erklärung war Der Erfinder Mr. McCormick schlief tief und fest ein. Bei einem solchen Empfang seiner geliebten Maschine verlor Withington den Mut. Er war ein sanfter, sensibler Mann, der sich leicht abweisen ließ, und als McCormick aus seinem Nickerchen erwachte, war Withington gegangen und machte sich auf den Weg zurück nach Wisconsin. Ein paar Sekunden lang war McCormick unsicher, ob sein Besucher eine Realität oder ein Traum gewesen war. Dann erwachte er mit einem Schrecken und stürzte in die Tat. Eine große Chance hatte sich ihm geboten, und er hatte sie verstreichen lassen. Er war zu dieser Zeit mit der Herstellung von selbstharkenden Mähern und Sumpferntemaschinen beschäftigt; aber was er wollte – was jeder Mähdrescherhersteller im Jahr 1871 wollte –, war ein selbstharkender Mäher. Er rief sofort einen seiner vertrauenswürdigen Arbeiter an.

„„Ich möchte, dass du nach Janesville gehst', sagte er. Finde einen Mann namens Withington und bringe ihn mit dem ersten Zug, der nach Chicago zurückkommt, zu mir.'

„Am nächsten Tag wurde Withington zurückgebracht und mit äußerster Höflichkeit behandelt. McCormick studierte seine Erfindung und stellte fest, dass es sich um einen äußerst bemerkenswerten Mechanismus handelte. Zwei Stahlarme packten jedes Getreidebündel, wirbelten einen Draht fest darum und befestigten die beiden drehte die Enden zusammen, schnitt sie los und warf sie auf den Boden. Dieser Selbstbinder war in allen Details perfekt – eine so ordentliche und effektive Maschine, wie man sie sich nur vorstellen kann. McCormick war begeistert. Endlich war hier eine Maschine das würde das Binden des Getreides von Hand abschaffen."

Sechs Jahre lang lief alles gut mit dem Selbstbinder von McCormick und Withington . Diese wunderbare Drahtdrehmaschine arbeitete überall mit der

Präzision eines Uhrwerks und galt als das Beste, was menschlicher Einfallsreichtum erfinden konnte. Plötzlich erschrak die Welt der verarbeitenden Industrie über die Nachricht, dass William Deering dreitausend Bindfaden-Selbstbinder hergestellt und verkauft hatte. Deering wurde durch diesen dramatischen Schachzug blitzschnell zum stärksten Konkurrenten von McCormick. Er war kein Bauernsohn wie dieser, sondern wurde in der Stadt aufgezogen und in einer Fabrik ausgebildet. Er war ein erfolgreicher Kaufmann in Maine gewesen und hatte die Stadt dann verlassen, um in den Erntemaschinenhandel einzusteigen. Er steckte sein ganzes Vermögen in die Herstellung von Bindfäden. Er gewann und McCormick musste ihm folgen. Die Weiterentwicklung des Schnitters zum Bindfaden-Selbstbinder war ein epochales Ereignis in der Welt der Landwirtschaft. Es steigerte den Umsatz enorm. Im Jahr 1880 wurden 60.000 Schnitter verkauft; Fünf Jahre später waren es 250.000. Seitdem gab es bis auf die neue Knoten- Knüpfvorrichtung keine wirklichen Veränderungen am Mäher. Sie bleibt die großartigste aller landwirtschaftlichen Maschinen und einer der erstaunlichsten Mechanismen, die jemals vom menschlichen Gehirn erfunden wurden.

McCormick starb 1884. Im Laufe seines Lebens wurde der Schnitter geboren und zur Perfektion gebracht. Er schuf es in einem abgelegenen Dorf in Virginia, und er erlebte noch, wie sein Katalog in zwanzig Sprachen gedruckt wurde, und er wusste, dass die Sonne im Reich seines Schnitters niemals untergehen wird, solange die Menschheit weiterhin Brot isst, denn irgendwo, In jedem Monat des ganzen Jahres werdet ihr den Mais bis zur Ernte weiß vorfinden.
